BEI GRIN MACHT SICH IHR WISSEN BEZAHLT

- Wir veröffentlichen Ihre Hausarbeit, Bachelor- und Masterarbeit

- Ihr eigenes eBook und Buch - weltweit in allen wichtigen Shops

- Verdienen Sie an jedem Verkauf

Jetzt bei www.GRIN.com hochladen und kostenlos publizieren

Marius Strobl

Power-over-Ethernet- und Powerline-Communication-basierte IP-Steuergeräte für Kraftfahrzeuge

GRIN Verlag

Bibliografische Information der Deutschen Nationalbibliothek:

Die Deutsche Bibliothek verzeichnet diese Publikation in der Deutschen National-
bibliografie; detaillierte bibliografische Daten sind im Internet über http://dnb.d-
nb.de/ abrufbar.

Impressum:

Copyright © 2012 GRIN Verlag GmbH
Druck und Bindung: Books on Demand GmbH, Norderstedt Germany
ISBN: 978-3-656-69569-1

Inhaltsverzeichnis

1 Zusammenfassung

Im Rahmen des vom Bundesministerium für Bildung und Forschung geförderten und am 30. Juni 2012 auslaufenden Verbundprojektes „Sicherheit in Eingebetteten IP-basierten Systemen (SEIS)" werden die prinzipielle Verwendbarkeit von Ethernet und dem Internet Protocol (IP) als Bussystem beziehungsweise als Kommunikationsprotokolle in der Automobiltechnik erforscht. Ethernet wird hierbei noch als ein weiteres Bussystem und das IP als ein gemeinsam von allen inklusive der klassischen Automotive-Bussystemen einheitlich verstandenes Protokoll gesehen.

Das Ziel des Forschungsprojektes „Power-over-Ethernet- und Powerline-Communication-basierte IP-Steuergeräte für Kraftfahrzeuge (P^{2}IPE)" ist es nun, auf Basis dieser und zusätzlich eigener Vorarbeiten die Machbarkeit eines tatsächlichen „All IP/Ethernet Cars" zur Reduktion der Komplexität und Kosten der gegenwärtigen Elektronikarchitektur zu erforschen. Dabei sollen außer POE und PLC keine weitere Bussysteme und neben Ethernet und IP keine anderen Kommunikationsprotokolle im Fahrzeug eingesetzt werden. Zusätzlich soll die an die Steuergeräte beziehungsweise Electronic Control Units (ECUs) angebundene Peripherie über diese beiden Bussysteme zur Minimierung des Kabelbaumes in Kraftfahrzeugen auch mit Energie versorgt werden. Zu letzterem Punkt wurden im Vorfeld entsprechende Vorarbeiten von den auch bereits beim SEIS-Projekt kooperierenden Partnern Hochschule Regensburg, Technische Universität Ilmenau und Continental Automotive GmbH Regensburg geleistet. Hierbei ist jedoch noch die Erforschung der jeweiligen Vor- und Nachteile der beiden Technologien POE und PLC für die verschiedenen Einsatzzwecke in der Automobiltechnik offen. Neben der konkreten Umsetzung dieser Ziele und der Beantwortung der Fragestellungen anhand der Erprobung der zu entwickelnden Steuergeräte ist im Rahmen des Projektes P^{2}IPE auch die Integration dieser Technologien in die Automotive Open System Architecture (AUTOSAR) zu erarbeiten.

Insgesamt ist das Projekt P^{2}IPE analog zu SEIS in die Bedarfsfelder Energie, Kommunikation und Mobilität der Hightech-Strategie 2020 einzuordnen.

2 Einleitung

2.1 Stand der Forschung und eigene Vorarbeiten

Heutige Kraftfahrzeuge beinhalten 50 bis 70 Steuergeräte oder Electronic Control Units (ECUs), welche untereinander vernetzt sind. Als Bussysteme kommen hierbei je nach Funktionsbereich im Fahrzeug wie beispielsweise Antriebsstrang oder Multimedia und Telematik typischerweise das Controller Area Network (CAN), FlexRay™, Local Interconnect Network (LIN) oder Media Oriented Systems Transport (MOST®) zum Einsatz [10, S. 13 ff]. Abhängig vom Funktionsbereich liegen dort spezifische Anforderungen an das jeweilige Bussystem wie Fehlertoleranz, hohe Datenrate, Determinismus, Flexibilität und Sicherheit vor [1]. Eine Architektur aus mehreren Bussystemen geht dabei allerdings mit einer hohen Komplexität einher, da deren Verbindung den Einsatz von Gateways zur Adress-, Geschwindigkeits- oder Protokollwandlung notwendig macht [10, S. 7 f.].

Diese Komplexität und die damit verbundenen Kosten zu reduzieren, ist das Vorhaben [11] des vom Bundesministerium für Bildung und Forschung geförderten Verbundprojektes[1] „Sicherheit in Eingebetteten IP-basierten Systemen (SEIS)" [12], an dem sich die Continental Automotive GmbH Regensburg beteiligt. Im Rahmen von Promotionen, deren praktische Teile bei Continental durchgeführt werden, besteht hierbei auch bereits eine Kooperation zwischen der Fakultät Informatik und Mathematik der Hochschule Regensburg sowie der Fakultät Elektrotechnik und Informationstechnik der Technischen Universität Ilmenau.

Ziel des am 30. Juni 2012 auslaufenden Projektes SEIS ist es dabei, als einen ersten Schritt die Verwendbarkeit des Internet Protocol (IP) für die Kommunikation und Ethernet einerseits als Kommunikationsprotokoll als auch als weiteres Bussystem in der Automobiltechnik zu erforschen. Des Weiteren soll die Einsetzbarkeit des IP, wie in Abbildung 2.1 dargestellt, als gemeinsam von allen eingesetzten Bussystemen einheitlich verstandenes Protokoll als Migrationsschritt untersucht werden. Die Vorteile von Ethernet und IP liegen dabei in deren weiten Verbreitung und Standardisierung, wodurch sich anders als bei den anfangs aufgeführten Bussystemen eine bereits vorhandene bereite Technologiebasis und daraus resultierende Synergieeffekte nutzen lassen. Nach einer erfolgreichen Qualifizierung von Ethernet und IP als Vernetzungs-

---

[1]Förderkennzeichen FKZ 01BV0900 – 01BV0917

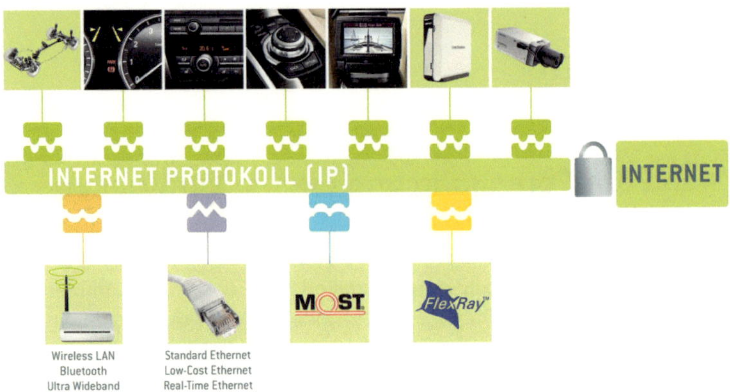

Abbildung 2.1: Konzept „All IP/Ethernet Car" [11]

und Kommunikationstechnologien für ECUs in Kraftfahrzeugen im Rahmen von SEIS lässt sich dann das langfristige Ziel, eine Architektur rein auf Basis von IP und neben Ethernet allenfalls wenigen weiteren Bussystemen, angehen.

Als Bitübertragungsschicht (Physical Layer) nach dem ISO/IEC 7498-1:1994 [9] Reference-Model hat sich beim SEIS-Projekt jedoch bereits nicht die des in IEEE 802.3-2008 [6] normierten Standard-Ethernet, sondern dessen Variante BroadR-Reach® [3] etabliert. Letzteres bietet den entscheidenden Vorteil, dass für Kommunikation mit 100 Megabits per Second (Mbps) nicht zwei verdrillte Kupferdoppeladern benötigt werden, sondern – wie bei den bestehenden Bussystemen in der Automobiltechnik – nur ein verdrilltes, ungeschirmtes Adernpaar zum Einsatz kommt.

Auf Basis von BroadR-Reach® [3] hat Continental zusammen mit der Hochschule Regensburg, wie in [2] erläutert, eine Variante von Power over Ethernet (POE)[1] entwickelt. Diese erlaubt zusätzlich zur Kommunikation über die Kupferdoppelader die gleichzeitige Energieversorgung der Kommunikationspartner von einem zentralen Ethernet-Switch aus. Somit lässt sich durch die Verwendung von POE der Kabelbaum in einem Fahrzeug durch den Wegfall der gesonderten Spannungsversorgung reduzieren. Diese schlägt sich nicht zuletzt in dessen Gewicht und somit in den Herstellungs- sowie den Betriebskosten von Fahrzeugen nieder.

---

[1]Hierbei handelt es sich nicht um POE nach IEEE 802.3af-2003 [7] oder 802.3at-2009 [8]. Innerhalb dieses Antrages wird mit POE jedoch immer diese Variante (zusammen mit BroadR-Reach®) bezeichnet.

Daneben wurde von diesen beiden Forschungspartnern auch das umgekehrte Paradigma, das heißt die zusätzliche Übertragung von Daten über Energieversorgungsleitungen für den Einsatz in der Automobiltechnik untersucht. Letzteres Konzept wird allgemein als Powerline Communication (PLC) bezeichnet [4, S. 1]. Die dabei entwickelte proprietäre Schmalband-PLC-Lösung ist zwar niederbitratig aber dennoch konkurrenzfähig zu „Low Speed" CAN und LIN und verwendet ebenfalls Ethernet als Kommunikationsprotokoll. Im Unterschied zu den beiden Letztgenannten dient PLC jedoch auch zur Spannungsversorgung der Kommunikationspartner. Im Vergleich zu POE verwendet PLC hierbei eine Busstruktur, wodurch sich im Vergleich zu einer sternförmigen Anbindung der Kommunikationspartner der Kabelbaum in einem Fahrzeug mit PLC potentiell noch weiter reduzieren lässt.

2.2 Problemstellung

Ziel des Forschungsprojektes P^2IPE ist es, auf Basis der in Abschnitt 2.1 erläuterten Vorarbeiten im Projekt SEIS, sowie innerhalb der Zusammenarbeit zwischen Continental und der Hochschule Regensburg, IP-ECUs zu entwickeln. Diese Steuergeräte sollen in der Lage sein, die Peripherie, das heißt Aktoren und Sensoren, sowohl per POE und als auch über PLC mittels einer Kupferdoppelader mit Energie zu versorgen und gleichzeitig darüber per Ethernet und IP als Protokolle mit diesen zu kommunizieren. Die Forschung findet dabei im Rahmen von drei kooperativen Promotionen zwischen der Hochschule Regensburg (Prof. Dr. Thomas Waas) und der Technische Universität Ilmenau (Prof. Dr. Jochen Seitz) statt. Im Rahmen dieses Forschungsprojektes sind dabei folgende Problemstellungen zu klären:

- Lässt sich mit POE und PLC ein tatsächliches „All IP/Ethernet Car" realisieren, welches außer diesen beiden Bussystemen und den beiden Kommunikationsprotokollen keine weiteren verwendet?

- Welche Vor- und Nachteile haben die beiden Technologien POE und PLC bei den verschiedenen Einsatzzwecken in der Automobiltechnik?

- Wie lassen sich POE und PLC in die AUTOSAR integrieren?

3 Ziele und Arbeitsprogramm

Ziel dieses Forschungsprojektes ist die Entwicklung von Steuergeräten und die Erprobung von POE und PLC als Bussysteme für Kommunikation und Energieversorgung in der Automobiltechnik anhand dieser Geräte. Als Kommunikationsprotokolle werden dabei Ethernet und das Internet Protocol verwendet. Deren jeweilige Einsatzfähigkeit ist mittels der Anbindung, Versorgung und Steuerung der Aktoren und Sensoren in den Türen eines Fahrzeuges, welche zusammen jeweils die dortigen Funktionseinheiten wie Außenspiegeleinstellung, Fensterheber und Verriegelung bilden, mit diesen Technologien zu untersuchen. Die zu entwickelnde Hard- und Software soll sich dabei sowohl für die Realisierung der Steuergeräte als solche als auch für die Adaption bestehender Aktoren und Sensoren an POE und PLC eignen. Durch die Anbindung und Versorgung je einer Tür über POE und PLC an das Steuergerät in einem Testfahrzeug sind im weiteren Verlauf dieses Projektes die jeweiligen Vor- und Nachteile dieser beiden Technologien für diesen Einsatzzweck herauszuarbeiten.

Der Zeit- und Meilensteinplan zu dem im Folgenden dargestellten Arbeitsprogramm befindet sich in Kapitel 4. Ressourcenangaben im Arbeitsprogramm beziehen sich dabei jeweils auf ganze Personen, das heißt mit der Angabe „ein Wissenschaftler" ist eine Person gemeint und nicht zwei Personen mit jeweils einer halben Stelle.

Die geplante Gesamtdauer des Projektes beläuft sich auf 36 Monate.

3.1 Arbeitspaket 1: Architektur festlegen

Dauer: 3 Monate, Ressourcen: 3 Wissenschaftler

Ziel des ersten Arbeitspaketes ist es, die Architektur, die Konzepte und die im weiteren Verlauf für die Hard- und Software verwendeten Komponenten der Steuergeräte sowie die Anbindung der Peripherie zu definieren. Entsprechend wird dieses Arbeitspaket auf die drei Wissenschaftler aufgeteilt. Im Hinblick auf die spätere Integration in ein Fahrzeug ist bei der Hardware die Wahl eines für den Automotive-Bereich geeigneten Mikrocontrollers zu berücksichtigen. Des Weiteren muss hierbei die Möglichkeit zur Anbindung eines BroadR-Reach®-Transceivers für POE und den Mikrocontroller gegeben sein. Falls zu diesem Zeitpunkt bereits auf dem Markt oder zumindest als Vorserienmuster verfügbar, ist ein zu der Normenfamilie ITU-T G.hnem konformer PLC-Transceiver zu wählen. Letzteres soll im Hinblick auf die Evaluierung der Verwendbarkeit dieser Schmalband-PLC-Norm in der Automobiltechnik erfolgen. Andernfalls ist der von den PLC-Forschungen bei Continental bereits bekannte Automotive-Baustein SIG60 der Firma Yamar Electronics Ltd. zu verwenden.

Bei der Festlegung der Architektur der Software ist die spätere Integration der im Rahmen dieses Forschungsprojektes entwickelten Frameworks in die AUTOSAR zu berücksichtigen. Als Basis für die Software ist dabei aber nicht zwangsläufig ein AUTOSAR-konformes Betriebssystem zu wählen.

In Bezug auf die Architektur der Anbindung der Peripherie, das heißt der Fahrzeug-Aktoren und -Sensoren, ist hier in erster Linie die Adaption bestehender Komponenten an POE und PLC zu erarbeiten.

Der Meilenstein dieses Arbeitspaketes ist eine vollständig festgelegte Architektur der zu entwickelnden Steuergeräte.

3.2 Arbeitspaket 2

3.2.1 Arbeitspaket 2a: Entwicklung Hard- und Software

Dauer: 6 Monate, Ressourcen: 2 Wissenschaftler, Continental

In diesem Arbeitspaket ist von je einem Wissenschaftler die Hard- und die Software der Steuergeräte auf Basis der im vorherigen Paket festgelegten Architektur zu entwickeln.

Nach der Erstellung des Schaltplans der Steuergeräte wird eine Kleinserie von 20 Stück vom Layout bis zur Bestückung von Continental gefertigt.

Die Software, das heißt Treiber und Frameworks für die POE- und PLC-Komponenten sowie Applikationen zur Ansteuerung der Peripherie, sind in diesem Arbeitspaket soweit möglich parallel zu der Hardware der Steuergeräte zu entwickeln. Gegebenenfalls ist hierzu auf Sample-Boards der Hersteller dieser Hardware-Komponenten zurückzugreifen.

3.2.2 Arbeitspaket 2b: EMV-Untersuchungen der Komponenten

Dauer: 6 Monate, Ressourcen: 1 Wissenschaftler

Parallel zum Arbeitspaket 2a ist von einem Wissenschaftler die elektromagnetische Verträglichkeit (EMV) der eingesetzten POE- und PLC-Komponenten in Bezug auf die in der Automobiltechnik relevanten Normen zu untersuchen. Dies erfolgt anhand von Störaussendungsmessungen und Störfestigkeitsprüfungen über den Kabelbaum mit Sample-Boards dieser Bausteine im EMV-Labor der Hochschule Regensburg.

Gegebenenfalls sind hierzu spezielle Vorgehensweisen zur Untersuchung der beiden Technologien zu entwickeln. Die laufenden Ergebnisse dieser Untersuchungen sollen in die parallel stattfindende Entwicklung der Hard- und Software, beispielsweise in Form von Vorgaben für das Layout oder der Konfiguration des PLC-Spektrums, einfließen. Die für diese Untersuchungen benötigte Software zur Ansteuerung der Mess- und Prüfmittel wird von Continental gestellt.

Der Meilenstein des Arbeitspaketes 2 insgesamt sind die fertig aufgebauten Steuergeräte sowie die dafür benötigte Software.

3.3 Arbeitspaket 3: Integration und Inbetriebnahme

Dauer: 3 Monate, Ressourcen: 3 Wissenschaftler

In diesem Arbeitspaket sind die im vorherigen Paket 2a entwickelte Hard- und Software zu integrieren und in Betrieb zu nehmen. Des Weiteren sind die von Continental zur Verfügung gestellten Aktoren und Sensoren für die Kommunikation und Energieversorgung über jeweils POE und PLC zu adaptieren. Hierzu arbeiten die drei Wissenschaftler zusammen – jedoch jeweils in dem Bereich, in dem sie in den beiden vorherigen Arbeitspaketen tätig waren.

Dieses Arbeitspaket hat als Meilenstein komplett funktionsfähige Steuergeräte sowie daran per POE und PLC angebundene Peripherie zur Folge.

3.4 Arbeitspaket 4

3.4.1 Arbeitspaket 4a: Funktions- und Leistungstests der Steuergeräte

Dauer: 6 Monate, Ressourcen: 2 Wissenschaftler

Die Hard- und Software der im vorherigen Arbeitspaket entwickelten Steuergeräte ist in diesem Paket ausführlichen Funktions- und Leistungstests im Labor zu unterziehen. Dies wird von den beiden bereits zuvor mit diesen Arbeitsbereichen vertrauten Wissenschaftlern durchgeführt. Einerseits ist hierbei die Gegebenheit der erwarteten Funktion der Ansteuerung der Peripherie sicher zu stellen. Dies bedeutet, dass die Kombination aus neu entwickeltem Steuergerät und Peripherie analog zu der mit einem Serienprodukt mit konventionellem Automotive-Bussystem zu funktionieren hat. Andererseits sind spezifische Fragen zur Verwendung von POE und PLC zu beantworten, insbesondere:

- Welche maximale Datendurchsatzraten und minimale Latenzen lassen sich erzielen (speziell bei PLC)?

- Wie hoch sind die Bitfehlerraten?

- Wie viel Strom lässt sich zusätzlich zur Datenkommunikation übertragen (POE) beziehungsweise umgekehrt (PLC)?

- Wie hängen Bitfehlerrate und Datendurchsatz jeweils von der Dämpfung des Kabelbaumes ab?

- Wie hängen Bitfehlerrate und Datendurchsatz jeweils von der Stromstärke ab?

Für die Nachbildung der Dämpfung des Kabelbaumes in einem Fahrzeug wird von Continental ein entsprechender Kabelbaum-Simulator gestellt.

3.4.2 Arbeitspaket 4b: EMV-Untersuchungen der Steuergeräte

Dauer: 6 Monate, Ressourcen: 1 Wissenschaftler

Gleichzeitig zu Arbeitspaket 4a werden vom dritten Wissenschaftler EMV-Untersuchungen zu den entwickelten Steuergeräten durchgeführt. Hierzu werden die Erkenntnisse aus Arbeitspaket 2b verwendet, um die Einhaltung der EMV-Normen durch die Steuergeräte als Ganzes zu verifizieren und – falls nötig – diese durch Nachbesserungen sicher zu stellen.

Als Ergebnis des gesamten Arbeitspaketes 4 liegen Erkenntnisse über die Umsetzbarkeit von POE- und PLC-basierten IP-Steuergeräten vor. Des Weiteren bestehen erste Einsichten über die Vor- und Nachteile der beiden Technologien POE und PLC für den jeweiligen Einsatzzweck.

3.5 Arbeitspaket 5

3.5.1 Arbeitspaket 5a: Integration in ein Fahrzeug

Dauer: 6 Monate, Ressourcen: 1 Wissenschaftler, Continental

Die in den vorherigen Arbeitspaketen entwickelten und im Labor getesteten Steuergeräte und Adaptoren für die Peripherie werden in diesem Schritt von einem Wissenschaftler in ein von Continental zur Verfügung gestelltes Testfahrzeug integriert. Dies findet in einer Werkstatt bei Continental unter Hilfestellung deren Mitarbeiter statt.

3.5.2 Arbeitspaket 5b: Entwicklung eines Demonstrators

Dauer: 6 Monate, Ressourcen: 2 Wissenschaftler

Für die Präsentation der Einsatzfähigkeit der Technologien POE und PLC in der Automobiltechnik ist in diesem Arbeitspaket ein Demonstrator auf Basis der entwickelten Steuergeräte aufzubauen. Da hierfür zum Teil mit der Anpassung der bestehenden Steuergeräte und mit der Entwicklung zusätzlicher Hard- und Software zu rechnen ist, sind mit dieser Aufgabe zwei Wissenschaftler betraut.

Dieses Arbeitspaket hat als Meilensteine einen Demonstrator, mit dem die Verwendbarkeit von POE und PLC zusammen mit IP im Automotive-Bereich auf Messen, Workshops et cetera gezeigt werden kann, sowie ein auf P^2IPE umgerüstetes Testfahrzeug.

3.6 Arbeitspaket 6: Tests der Steuergeräte im Fahrzeug

Dauer: 3 Monate, Ressourcen: 3 Wissenschaftler, Continental

Die in Arbeitspaket 5a in ein Fahrzeug integrierten Steuergeräte werden in diesem Paket auf deren korrekte Funktion anhand der entsprechenden Prüfungen bei Continental getestet. Dabei auftretende Mängel werden nachgebessert. An diesem Arbeitspaket sind alle drei Wissenschaftler beteiligt.

Der Meilenstein dieses Arbeitspaketes sind die fertigen und einsatzfähigen POE- und PLC-basierten IP-Steuergeräte.

3.7 Arbeitspaket 7: Konzept zur Integration in AUTOSAR

Dauer: 6 Monate, Ressourcen: 3 Wissenschaftler, Continental

In diesem Arbeitspaket sind auf Basis der in diesem Forschungsprojekt erarbeiteten Erkenntnisse die notwendigen Anpassungen zur Integration von POE und PLC in AUTOSAR zu erarbeiten. Dies betrifft einerseits die entwickelten Frameworks zur

Ansteuerung von Aktoren und Sensoren über IP als auch insbesondere die Verwendung von Ethernet über PLC. Hierbei ist auch die Integration von POE und PLC in das Energie-Management der AUTOSAR zu spezifizieren. An diesem Arbeitspaket sind die drei Wissenschaftler in Zusammenarbeit mit der AUTOSAR-Abteilung der Continental Engineering Services GmbH beteiligt.

Als Meilenstein hat dieses Arbeitspaket ein Konzept zur Integration von POE und PLC in die AUTOSAR.

3.8 Arbeitspaket 8: Auswertung, Beurteilung und Patentierung der Ergebnisse

Dauer: 3 Monate, Ressourcen: 3 Wissenschaftler

Im letzten Arbeitspaket sind die in diesem Forschungsprojekt erlangten Ergebnisse in Form eines Berichtes auszuwerten und zu beurteilen. Insbesondere sind hierbei die Vor- und Nachteile der beiden Technologien POE und PLC für die Einsatzzwecke in der Automobiltechnik zu erarbeiten und darzustellen. Darauf basierend ist zu erörtern, ob sich mit diesen beiden Technologien zusammen mit Ethernet und IP als Kommunikationsprotokolle ein tatsächliches „All IP/Ethernet Car" realisieren lässt, welches keine weiteren Bussysteme und Kommunikationsprotokolle verwendet.
Die in diesem Forschungsprojekt getätigten Erfindungen wie beispielsweise Techniken zur Adaption bestehender Aktoren und Sensoren an POE und PLC oder das Verfahren zur Kommunikation mit Ethernet über PLC sind in Form von Patenten zu verwerten. An diesem Arbeitspaket sind alle drei Wissenschaftler in Ihrem jeweiligen Fachgebiet beteiligt.

Das Ergebnis dieses Arbeitspaketes und damit dieses Forschungsprojektes sind der Abschlussbericht und die gestellten Patentanträge.

4 Zeitplan

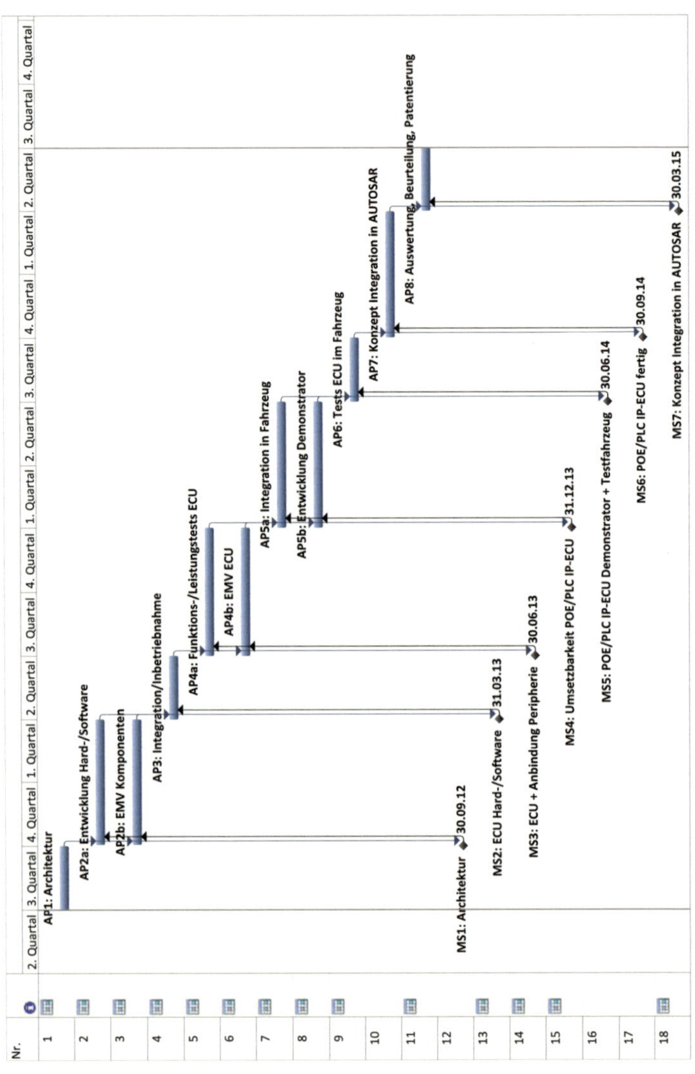

AP1: Architektur
AP2a: Entwicklung Hard-/Software
AP2b: EMV Komponenten
AP3: Integration/Inbetriebnahme
AP4a: Funktions-/Leistungstests ECU
AP4b: EMV ECU
AP5a: Integration in Fahrzeug
AP5b: Entwicklung Demonstrator
AP6: Tests ECU im Fahrzeug
AP7: Konzept Integration in AUTOSAR
AP8: Auswertung, Beurteilung, Patentierung
MS1: Architektur 30.09.12
MS2: ECU Hard-/Software 31.03.13
MS3: ECU + Anbindung Peripherie 30.06.13
MS4: Umsetzbarkeit POE/PLC IP-ECU 31.12.13
MS5: POE/PLC IP-ECU Demonstrator + Testfahrzeug 30.06.14
MS6: POE/PLC IP-ECU fertig 30.09.14
MS7: Konzept Integration in AUTOSAR 30.03.15
Nr.

5 Finanzplan

Posten	Kostenart	2012	2013	2014	2015	Gesamt
1	Personal:					
	1,5 Wissenschaftler	37.705,–	79.579,–	83.746,–	41.873,–	242.903,–
2	Verbrauchsmaterial	1.000,–	500,–	500,–	500,–	2.500,–
3	Geschäftsbedarf	1.000,–	500,–	500,–	500,–	2.500,–
4	Literatur	1.000,–	200,–	100,–	100,–	1.400,–
6	Dienstreisen:					
	Ausland	—	1.800,–	1.800,–	6.000,–	9.600,–
	Gesamt	40.705,–	82.579,–	86.646,–	48.973,–	258.903,–

Tabelle 5.1: Kostenplan (Angaben in €)

Erläuterungen zu den Positionen im Kostenplan in Tabelle 5.1:

- Personal
  Im Rahmen dieses Projektes soll drei Wissenschaftlern, Dennis Degueldre M. Sc. Applied Research, Marius Strobl M. Sc. Applied Research und einem noch zu benennenden Doktoranden, die Möglichkeit zu kooperativen Promotionen gegeben werden. Diese finden zwischen der Hochschule Regensburg und der Technischen Universität Ilmenau statt. Die Wissenschaftler werden jeweils mit einer halben Stelle nach TV-L E13 an der Hochschule Regensburg angestellt.

- Verbrauchsmaterial, Geschäftsbedarf, Literatur
  Pauschalen für die zu erwartenden Kosten.

- Dienstreisen In- und Ausland
  Den Wissenschaftlern soll die Möglichkeit zur Teilnahme an für das Projekt relevanten Konferenzen gegeben werden. Hierzu zählen insbesondere die Veranstaltungen Emerging Technologies on Factory Automation (ETFA) und der Workshop on Intelligent Solutions in Embedded Systems (WISES).

Nicht aufgeführt im obigen Kostenplan sind die Eigenbeteiligung der Hochschule Regensburg in Höhe von 10 % der Fördersumme in Form der Bereitstellung der Grundausstattung (Labore, Rechner et cetera) sowie die der Continental Automotive GmbH Regensburg in Höhe von 20 % anhand von Dienstleistungen und Sachmitteln.

Letztere verteilen sich in nicht näher aufgeschlüsselter und nicht endgültiger Form auf folgende Posten:

- Übernahme der Kosten für die Hardware- und – soweit benötigt – bestehender Software-Komponenten für die zu entwickelnden Steuergeräte,

- Leihgabe der Sample-Boards der Hardware-Komponenten für die frühen Phasen der Entwicklung,

- Fertigung der Steuergeräte inklusive Layout und Bestückung der Platinen,

- Bereitstellung von Kraftfahrzeugkomponenten wie Aktoren und Sensoren zur realen Erprobung der entwickelten Steuergeräte sowie später eines Fahrzeuges zu deren testweiser Integration, sowie

- Bereitstellung spezieller Messmittel wie Kabelbaum-Simulator und von Software für die EMV-Untersuchungen.

Quellenverzeichnis

[1] Balbierer N., Noebauer J., Seitz J., Waas T., Energy Consumption of Ethernet compared to Automotive Bus Networks, Proc. Ninth Workshop on Intelligent Solutions in Embedded Systems (WISES), S. 61 – 66, Juli 2011

[2] Degueldre D., Noebauer J., Rath A., Waas T., A two wire Power over Ethernet approach for in-vehicle applications, Proc. Ninth Workshop on Intelligent Solutions in Embedded Systems (WISES), S. 55 – 60, Juni 2011

[3] Broadcom Corporation, Product Brief BCM89810, BroadR-Reach® Single-Port Automotive Ethernet Transceiver, Oktober 2011, `http://www.broadcom.com/collateral/pb/89810-PB00-R.pdf`

[4] Carcelle X., Power Line Communications in Practice, Artech House, 2009

[5] Hansson H., Lo Bello L., Nolte T., Automotive Communications – Past, Current and Future, Proc. 10th IEEE Conference on Emerging Technologies and Factory Automation, September 2005

[6] IEEE Computer Society (2008): IEEE 802.3, Information technology – Telecommunications and information exchange between systems – Local and metropolitan area networks – Specific requirements Part 3: Carrier sense multiple access with Collision Detection (CSMA/CD) Access Method and Physical Layer Specifications

[7] IEEE Computer Society (2003): IEEE 802.3af, Information technology – Telecommunications and information exchange between systems – Local and metropolitan area networks – Specific requirements Part 3: Carrier sense multiple access with Collision Detection (CSMA/CD) Access Method and Physical Layer Specifications Amendment: Data Terminal Equipment (DTE) Power via Media Dependent Interface (MDI)

[8] IEEE Computer Society (2009): IEEE 802.3at, Information technology – Telecommunications and information exchange between systems – Local and metropolitan area networks – Specific requirements Part 3: Carrier sense multiple access with Collision Detection (CSMA/CD) Access Method and Physical Layer Specifications Amendment: Data Terminal Equipment (DTE) Power via Media Dependent Interface (MDI)

[9] International Standards Organization (1994): ISO/IEC 7498-1, Information technology – Open Systems Interconnection – Basic Reference Model: The Basic Model

[10] Reif K., Automobilelektronik, Eine Einführung für Ingenieure, 3., überarbeitete Auflage, Vieweg+Teubner, 2009

[11] IP als Kommunikationsbasis – eNOVA – Strategiekreis Elektromobilität, `http://www.strategiekreis-elektromobilitaet.de/public/projekte/seis/ip-als-kommunikationsbasis`, Zugriff am 3. Januar 2012

[12] SEIS – Sicherheit in Eingebetteten IP-basierten Systemen – eNOVA – Strategiekreis Elektromobilität, `http://www.strategiekreis-elektromobilitaet.de/public/projekte/seis/`, Zugriff am 3. Januar 2012